油气储运企业高风险作业安全检查系列丛书

起重吊装作业安全检查

国家管网集团东部原油储运有限公司　组织编写

中国石化出版社

图书在版编目（CIP）数据

起重吊装作业安全检查 / 国家管网集团东部原油储运有限公司组织编写 . — 北京：中国石化出版社，2022.10
（油气储运企业高风险作业安全检查系列丛书）
ISBN 978-7-5114-6804-8

Ⅰ. ①起… Ⅱ. ①国… Ⅲ. ①石油与天然气储运 - 起重机械 - 安全检查 - 技术培训 - 教材 Ⅳ. ① TE97

中国版本图书馆 CIP 数据核字（2022）第 155861 号

中国石化出版社出版发行
地址：北京市东城区安定门外大街 58 号
邮编：100011　电话：（010）57512500
发行部电话：（010）57512575
http：//www.sinopec-press.com
E-mail：press@sinopec.com
北京富泰印刷有限责任公司印刷
全国各地新华书店经销
*
787×1092 毫米 32 开本 2.0 印张 37 千字
2023 年 9 月第 1 版　2023 年 9 月第 1 次印刷
定价：20.00 元

《油气储运企业高风险作业安全检查系列丛书》

编委会

《起重吊装作业安全检查》

编审人员

主　编：王兢兢　徐　岩　崔志伟

审　核：龚　乐　刘英剑

前言

起重吊装作业是指在项目施工中利用起重机械和人力进行重物起落和转移等的作业。起重机械是指桥式起重机、门式起重机、装卸桥、缆索起重机、汽车起重机、轮胎起重机、履带起重机、铁路起重机、塔式起重机、门座起重机、桅杆起重机、液压提升装置、升降机、电葫芦及简易起重设备和辅助用具（如吊篮）等，不包括浮式起重机、矿山井下提升设备、载人起重设备和石油钻井提升设备。在油气储运企业，此作业目前广泛应用于管网建设、设备维修、土建施工、应急抢险作业中。

为了规范起重吊装作业的检查与管理，确保作业安全，统一现场监护人员认识，国家管网集团东部原油储运有限公司根据GB 6067—2010《起重机械安全规程》、GB 50798—2012《石油化工大型设备吊装工程规范》、GB/T 5082—2019《起重机 手势信号》、GB/T 5972—2016《起重机钢丝绳 保养、维护、检验和报废》、GB 30871—2022《危险化学品企业特殊作业安全规范》及《国家管网集团作业许可安全管理细则》等相关标准和企业制度及现场情况组织业内专家编写了本书，以便对油气储运企业内起重吊装作业的检查与管理环节进行标准化、规范化管理。

本书适用于油气储运企业工程建设方、监理、承包商从事起重吊装作业的相应管理工作人员参考，也适用于各级安全监督部门、专业安全管理部门及施工单位对施工现场的监督和检查人员参考。

目录

第一章

吊装作业资质要求与方案审查

一、吊装作业分级

起重吊装作业按起吊工件质量分为三个等级，一级为质量100t以上；二级为质量40t至100t（含40t、100t）；三级为质量40t以下。

一级

二级

三级

二、吊装作业资质要求

（1）起重机械必须具有产品合格证和安全使用、维护、保养说明书，其安全、防护装置必须齐全、完备。

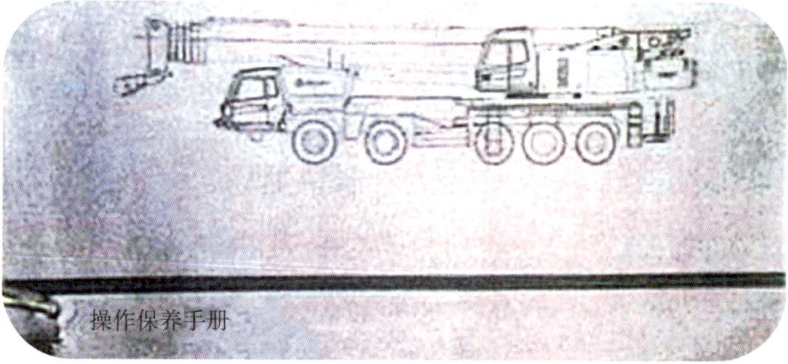

（2）特种设备作业人员操作证需经过项目管理部门审查、备案。起重作业人员应持有国家颁发的特种设备人员操作证和指挥人员证方可从事相应作业。同时在入场作业前应对其证件进行检查，合格后方可入场作业。

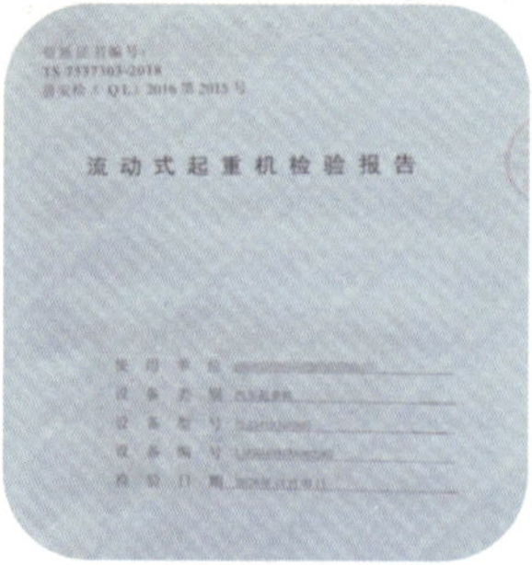

（3）吊装作业前，根据吊装作业相关要求（如《国家管网集团作业许可安全管理细则》）办理安全作业票，对吊装作业进行分级管理。

一级吊装安全作业票

编号：

作业申请单位	二级单位业务主管部门	作业申请人	二级单位业务主管部门人员	作业申请时间	2022年8月1日6时0分
吊装地点	××	吊具名称	××	吊物内容	××
吊装作业人	作业人员		吊物质量（t）及作业级别		××t
作业单位	××公司		作业负责人		作业单位负责人
关联的作业许可证和其他特殊作业安全作业票编号	涉及断路作业				
风险辨识结果（符合"√"）	□机械伤害　□车辆伤害　□物体打击　□起重伤害　□触电　□其他：________				

序号	安全措施	是否涉及（已落实打√，不涉及打×）	确认人
1	吊装作业已编制吊装作业方案，已经审查批准	×	双方监护人（下同）
2	吊装场所如有含危险物料的设备、管道时，应制定详细吊装方案，并对设备、管道采取有效防护措施，必要时停车，放空物料，置换后再进行吊装作业	√	
3	作业人员已按规定佩戴个体防护装备	√	
4	已对起重吊装设备、钢丝绳、缆风绳、链条、吊钩等各种机具进行检查，安全可靠	√	
5	已明确各自分工，坚守岗位，并统一规定联络信号	√	
6	将建筑物、构筑物作为锚点，应经所属单位工程管理部门审查核算并批准	√	
7	吊装绳索、缆风绳、拖拉绳等不应与带电线路接触，并保持安全距离	√	
8	不应利用管道、管架、电杆、机电设备等作吊装锚点	√	
9	吊物捆扎坚固，未见绳打结、绳不齐现象，棱角吊物已采取衬垫措施	√	
10	起重机安全装置灵活好用	√	

续表

11	吊装作业人员持有有效的法定资格证书	√	
12	地下通信电（光）缆、局域网络电（光）缆、排水沟的盖板，承重吊装机械的负重已确认，保护措施已落实	√	
13	起吊物的质量（t）经确认，在吊装机械的承重范围内	√	
14	在吊装高度的管线、电缆桥架已做好防护措施	√	
15	作业现场围栏、警戒线、警告牌、夜间警示灯已按要求设置	√	
16	作业高度和转臂范围内无架空线路	√	
17	在爆炸危险场所内的作业，机动车排气管已装阻火器	√	
18	露天作业，环境风力满足作业安全要求	√	
19	其他相关特殊作业已办理相应安全作业票	√	
20	其他安全措施： 无　　编制人：作业单位		

三、吊装作业方案审查

（1）一、二级吊装作业应编制作业方案，吊装物体质量虽不足40t，但形状复杂、刚度小、长径比大、精密贵重，以及在作业条件特殊的情况下，三级吊装作业也应编制吊装作业方案。

（2）自制、改造和修复的吊具、索具等简易起重设备，必须有设计资料（包括图纸、计算书等），并予以存档。自制、改造和修复简易起重设备必须严格按照图纸执行，并经具有检验资质的机构检验合格后方可使用。

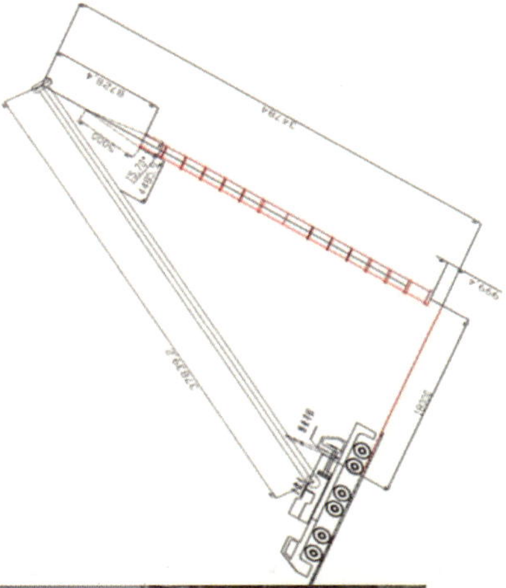

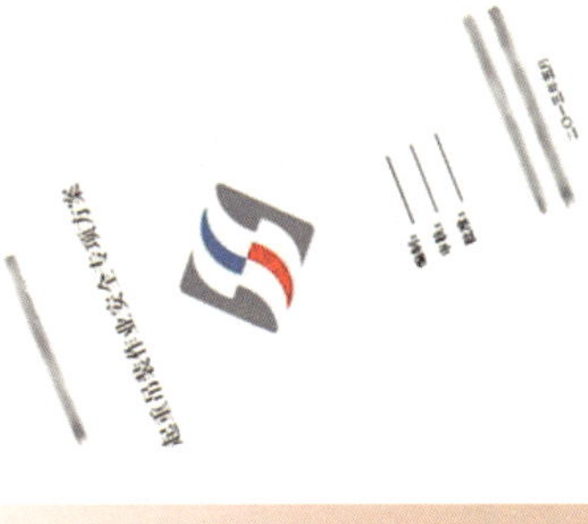
起重吊装作业安全专项方案

第二章 起重机械检查要点

（1）汽车式、轮胎式起重机进行吊装作业时支腿应全部打开，严禁不伸齐全部支腿进行吊装作业（除因场地受限，起重机械有半腿工况性能时）。特别需要注意一些起重机具有第五支腿，作业时也需按要求支撑，同时所有的车轮必须完全离开地面。

（2）汽车式、轮胎式起重机支腿下必须放置枕木垫板或其他材质垫板，垫板须放置在平整较坚实的位置，不得悬空。支腿的枕木垫板应采用坚硬质地木材，且要求排列紧凑，方向与车体平行，面积按现场实际情况大于支腿板底部面积。

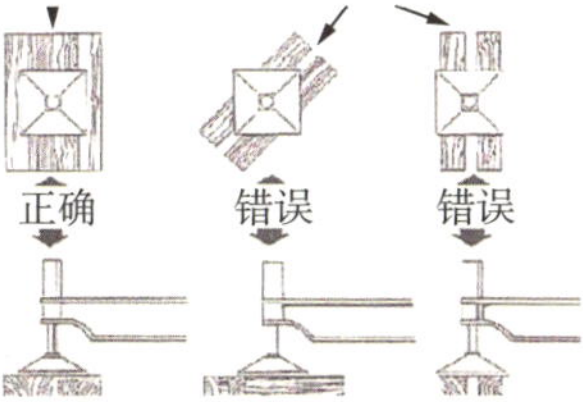

（3）汽车式、轮胎式起重机械在使用时应确认安全保护装置是否完好，设置是否正确。主要包括：

①起升限位器是否完好。

②力矩限制器是否完好。

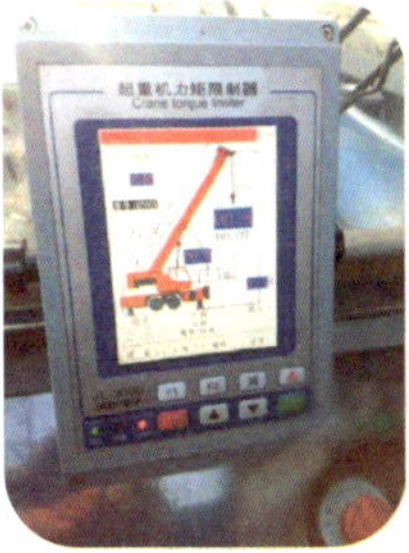

③幅度指示器、水平仪是否完好。

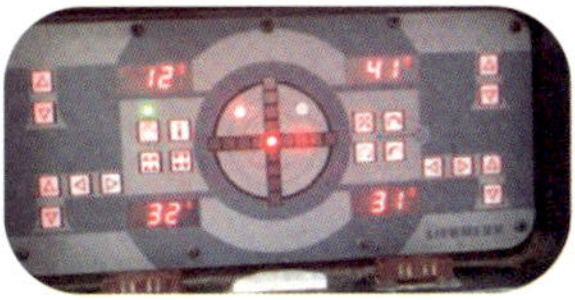

④液压系统是否完好。

液压系统包括上下两部分，即回转机构液压马达、变幅机构液压油缸、卷扬液压马达、液压分配系统和支腿液压系统。主要查看是否存在漏油、油管开裂情况。

液压分配系统

变幅机构液压油缸

回转机构液压马达

卷扬液压马达

（4）汽车式、轮胎式起重机械液压系统良好是保证安全作业的基本条件，是吊装设备入场检查的重点。主要查看液压泵（取力器）是否传动良好；液压油箱高、低油位是否有明显标志，工作时是否处于正常液面；液压系统管路、接头、阀组等元件是否有松动、软管老化、破损、渗漏等现象。

①回转机构液压马达部件连接标准，无渗漏。

②卷扬液压马达部件连接标准，无渗漏。

③支腿液压油管渗漏。

④卷扬液压马达渗漏。

⑤液压油箱渗漏。

⑥回转机构马达渗漏。

（5）卷扬机的卷筒应有充足的卷绳量，剩余绳数大于等于 3 圈，满负荷工作时大于等于 8 圈。

剩余绳数≥3圈

剩余绳数≥8圈

（6）卷扬机使用时避免跑绳与设备、设施、机具交叉，避免与地面上其他绳索、索具交叉。

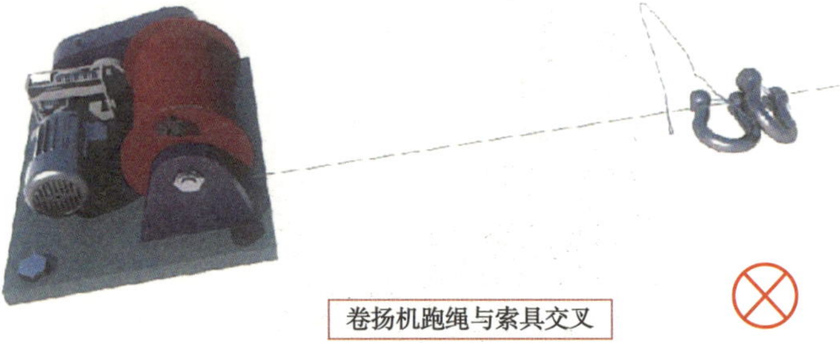

卷扬机跑绳与索具交叉

（7）卷扬机采用地锚两侧固定，受力时不得横向偏移，转动部件应润滑良好、制动可靠，电气设备和导线绝缘良好、接地可靠。

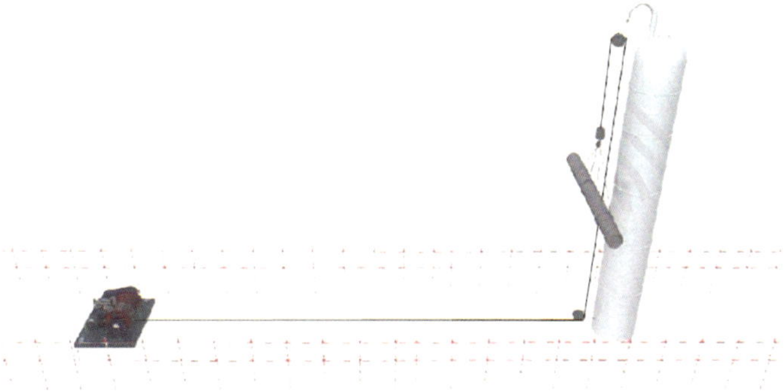

（8）卷扬机钢丝绳在卷筒上应排列整齐，绳端固定牢靠，外露传动部分应加设防护罩，运转中不得拆除，露天工作的卷扬机应设置防雨棚。

标准化案例

卷扬机绳索缠绕混乱

（9）手拉葫芦必须具有产品合格证和安全使用、维护说明书，其安全、防护装置必须齐全、完备，产品应有清晰、耐久的标牌。日常主要检查起重链条有无过量磨损、腐蚀、变形或外部损伤，齿轮、锁止机构、外壳是否完好，吊钩有无磨损变形。

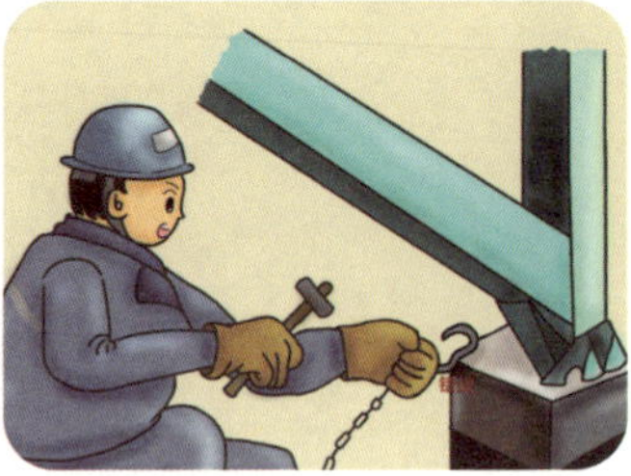

（10）手拉葫芦操作注意事项及常见违章形式。

操作注意事项：

①严禁人员在起吊的重物下工作或行走。

②发现手拉力大于正常拉力时，应立即停止使用并进行检查，不可猛拉，更不可增人硬拉。

常见违章形式：

①下吊钩回扣到起重链条上起吊重物。

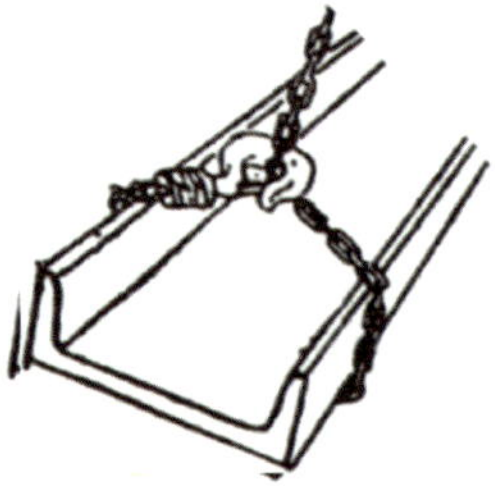

②斜吊。

③超负荷起吊。

④抛掷手拉葫芦。

⑤上升或下降重物的距离超过规定的起升高度。

（11）不应利用管道、管架、电杆、机电设备等作吊装锚点。未经土建专业审查核算，不应将建筑物、构筑物作为锚点。

承力管未置于承重梁上

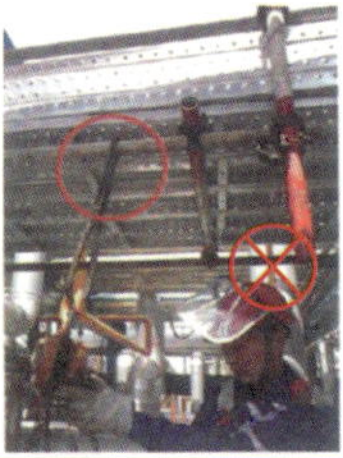

违规使用脚手架杆做吊点

违规使用工艺管道做吊点

（12）龙门架要选用具有合格证的产品，不得超限使用。使用前应检查金属结构有无开焊和明显变形，架体各节点连接螺栓是否紧固，扣件连接是否松动。使用时架体要与地平垂直，不得倾斜。

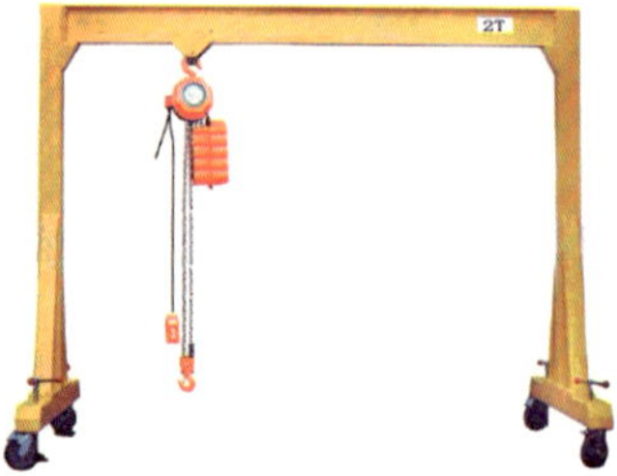

（13）三角架要选用合格产品，不得吊装超过额定起质量的物品，在坚硬地面使用时支腿要采取防滑措施，防止使用过程中发生倒伏，应选用有保护链的三角架。

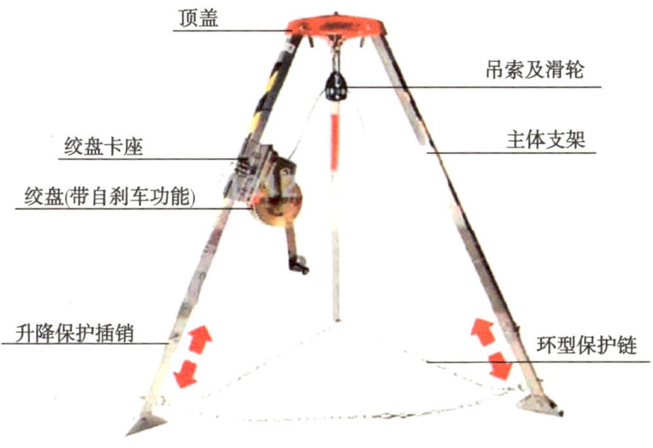

第三章 吊索具检查要点

起重用吊索具包括钢丝绳、吊装带、平衡梁、吊钩、卸扣、吊钳等。

平衡梁

钢丝绳

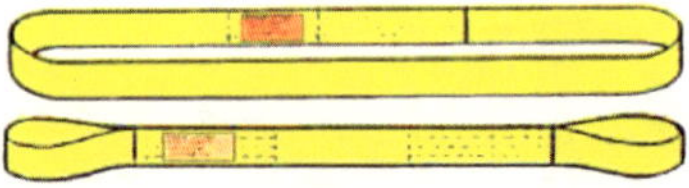

吊装带

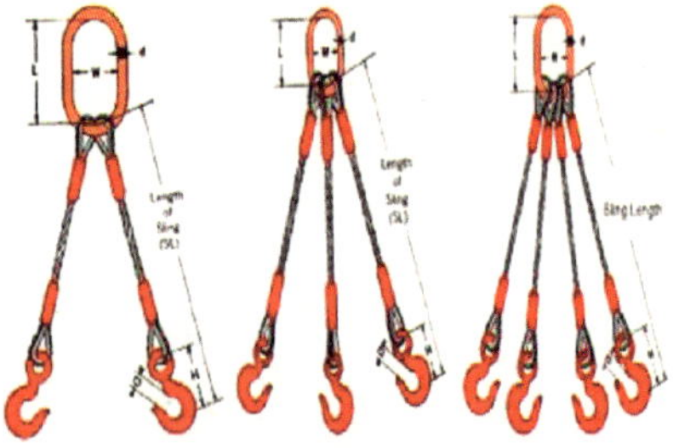

多点吊索

钢板吊钳(横钳)

吊钩

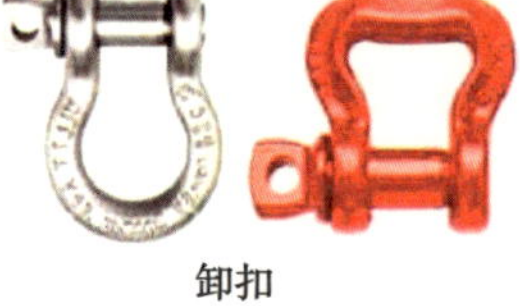

卸扣

吊索具检查要点如下：

（1）钢丝绳严禁超限使用，使用前应按标准进行检查，如发现磨损、锈蚀、断丝等现象，根据规范进行报废更换。

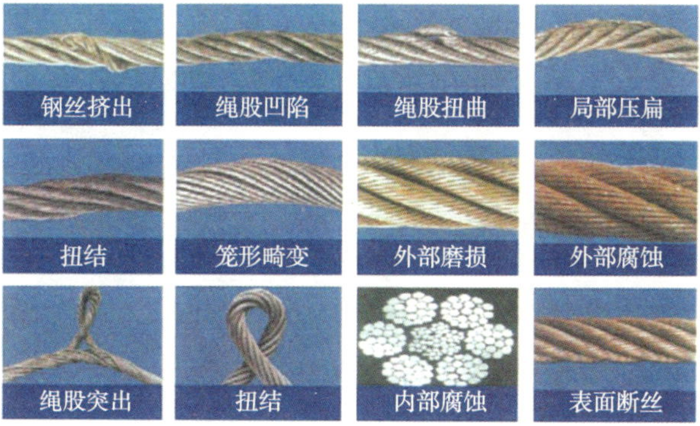

（2）钢丝绳直径减少量达 7% 时应报废，不得继续使用。

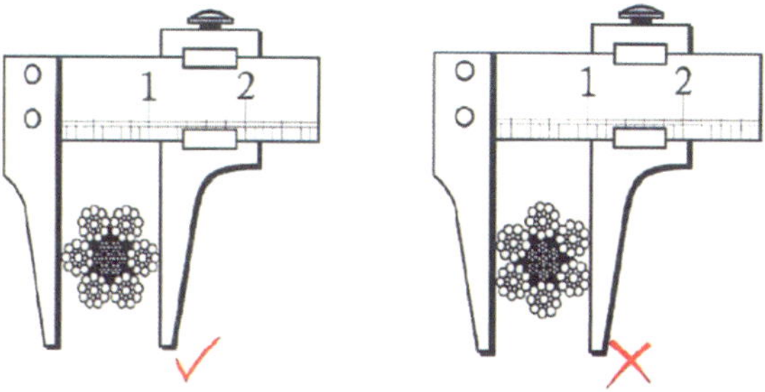

钢丝绳正确的测量方法　　钢丝绳错误的测量方法

（3）当钢丝绳整股断裂或烧坏，局部外层钢丝绳伸长呈“笼”形或钢丝绳绳芯的直径增大较严重时应报废。

钢丝绳整股断裂

钢丝绳呈“笼”形

（4）插编式钢丝绳吊装环插接长度应为绳径的20~30倍，绳径较粗的钢丝绳应选用较大的倍数。钢丝绳吊装环铝合金接头部位应无裂纹或滑移变形，插编钢丝绳索具插编部位应无严重抽脱，浇铸式钢丝绳锚具与钢丝绳连接处应无位移。

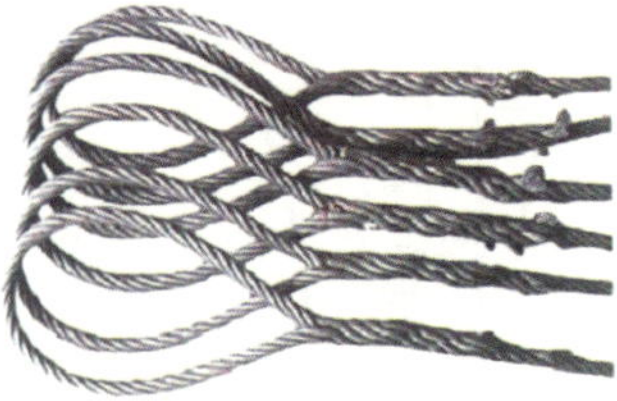

钢丝绳插接规范

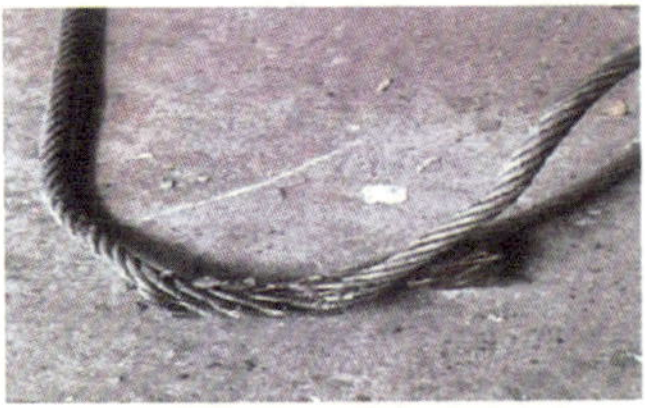

钢丝绳插接长度不够

钢丝绳压头裂纹

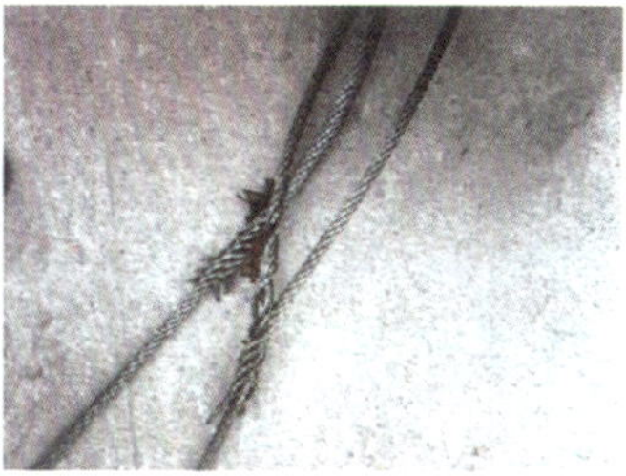

钢丝绳插编部位有严重抽脱

（5）钢丝绳捆扎时不得直接接触物体的棱角；不得成锐角折曲、扭结，也不得受夹、受砸而成扁平状。

（6）当钢丝绳捆扎需与物体的棱角接触时，应使用软物、填料或木块进行垫护。采用双支穿式结索方式起重时，支间夹角不大于 90°。采用穿式结索起重时，倾斜角度较大时，应增加钢丝绳缠绕的圈数。

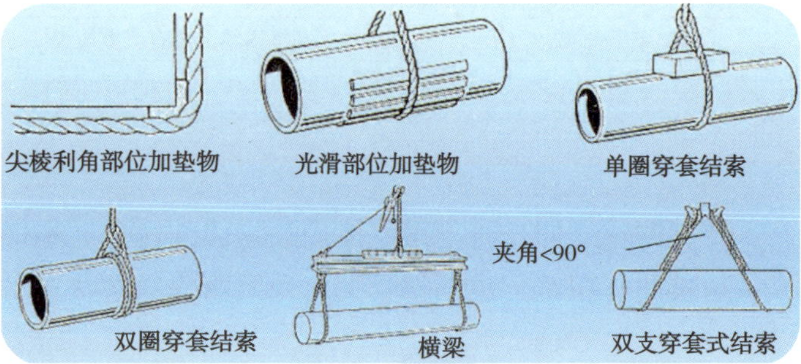

（7）引导固定钢丝绳的滑轮应运转良好，不得有裂痕、缺损。滑轮应有阻挡钢丝绳跳出的防护装置。

（8）吊装带不得超限使用，使用前应对吊装带的标记进行查看核实，应包括带子长度、最大安全工作荷载、制造或供货商及制造年月等内容。

（9）吊装带与吊钩系挂注意事项：

①吊装带使用时，不允许采用如图拴结方法进行环绕。

②吊装带使用时，将吊装带直接挂入吊钩受力中心位置，不能挂在吊钩钩尖部位。

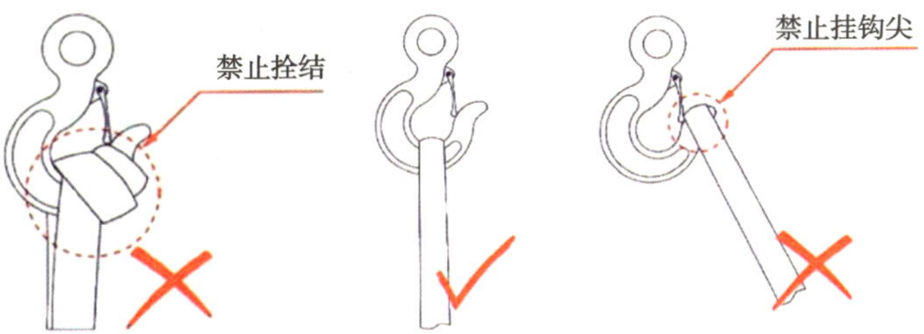

（10）在吊装过程中，吊装带不允许交叉、扭转，不允许打结、拧卷，应采用正确的吊装带专用连接件来连接。

标准化案例

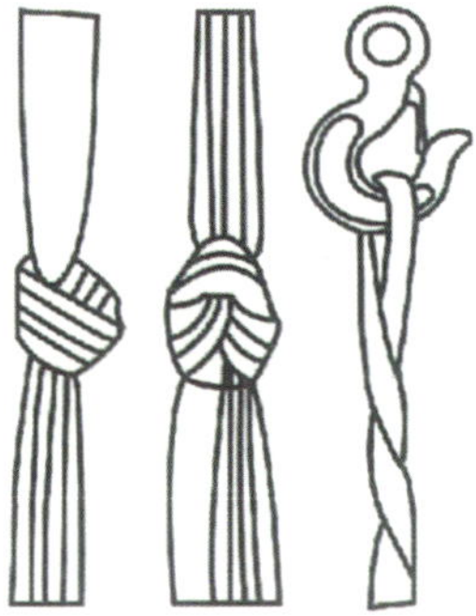

违章案例

（11）当负载有尖角、棱边的货物时，必须采取护套、护角等方法来保护吊装带，以延长吊装带的使用寿命，严禁在粗糙表面使用吊装带。

标准化案例

吊装带与吊物棱角无衬垫防护

违章案例

（12）吊装带长度应足够，可以确保捆绑受力点在吊装带本身，不能出现在端部或接合处。

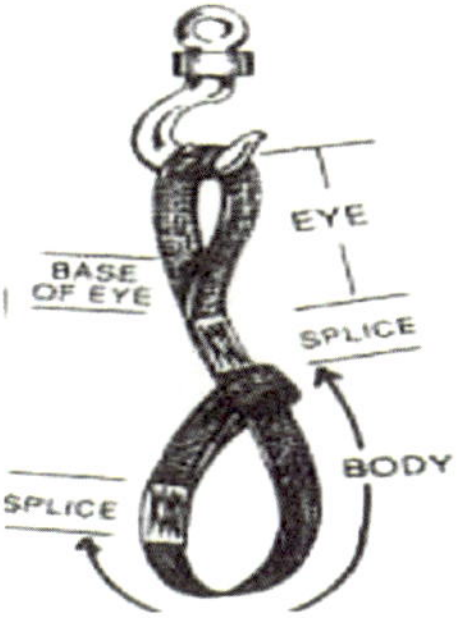

正确

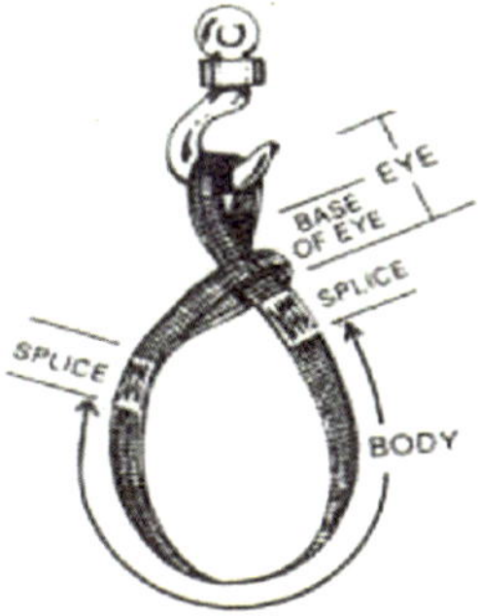

错误

（13）利用兜底吊法进行绑扎时应特别注意掌握被吊物体的水平，防止发生倾斜甚至滑脱。

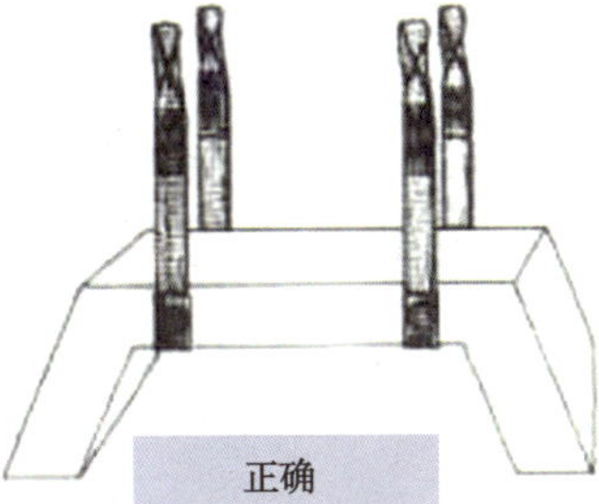

正确

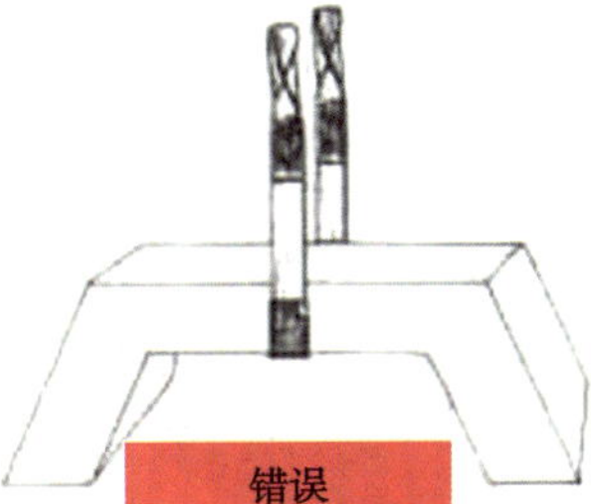

错误

（14）吊装带使用前应进行检查，当存在严重磨损、切口、撕断，吊装带纤维软化、老化、弹性变小，出现死结、腐蚀及熔化烧焦情况时应及时更换。

（15）吊钩应有制造单位的合格证等技术证明文件，方可投入使用。检验合格的吊钩，应在低应力区作出不易磨损的标记。包括额定起质量、厂标或厂名、标验标志、生产编号。吊钩防脱钩装置必须保证完好。

（16）当发现吊钩钩身开口变形大于 0.25% 时，应停止使用。在危险断面磨损量大于原尺寸的 10% 时，降级使用。不得在吊钩上进行焊接修补缺陷。

（17）卸扣使用前，应检查所有卸扣型号是否匹配，连接处是否牢固、可靠。禁止使用螺栓或者金属棒代替销轴。销轴在承吊孔中应转动灵活，不允许有卡阻现象。

（18）卸扣与钢丝绳锁具配套作为捆绑锁具使用时，卸扣的横销部分应与钢丝绳锁具的锁眼进行连接，以免在锁具提升时，钢丝绳与卸扣发生摩擦，造成横销转动，导致横销与扣体脱离。还应避免卸扣的偏心荷载。

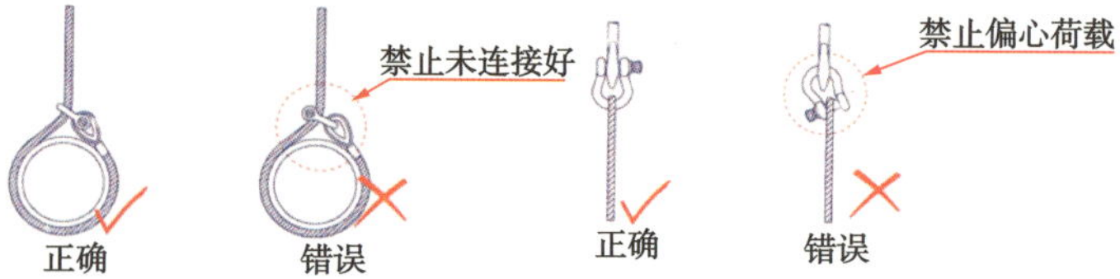

（19）卸扣要正确地支撑着荷载，即作用力要沿着卸扣中心线的轴线，避免弯曲、不稳定的荷载，更不可以过载。

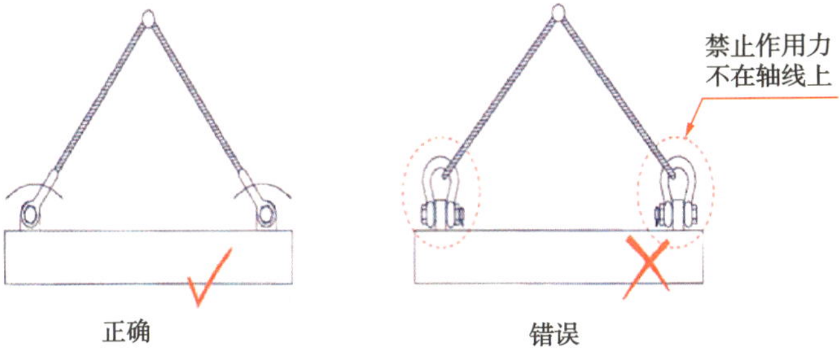

（20）以卸扣承载的两腿锁具间的最大夹角不得大于 120°。

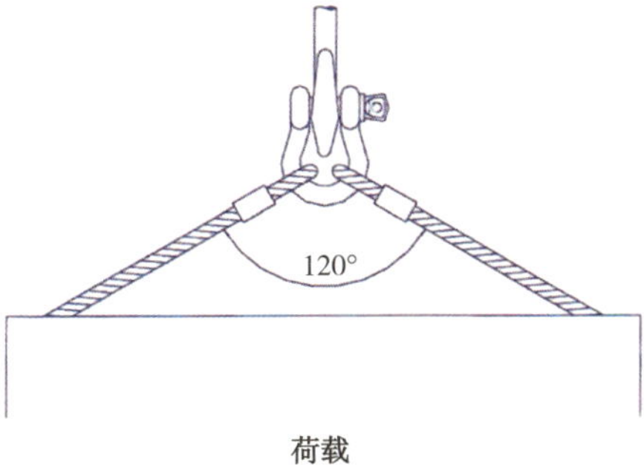

（21）角度对钢丝绳起重能力有一定的影响，角度与起重能力的关系见下图。

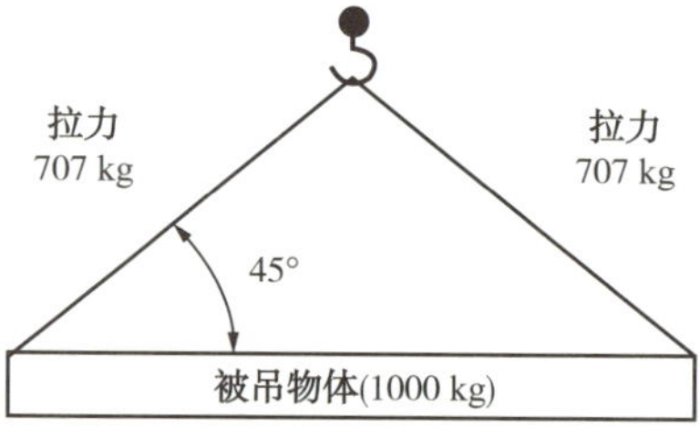

每根索具受到的力为707 kg

比如：物体质量 ÷ 索具的道数 × 角度系数
1000kg ÷ 2 × 1.414 = 707kg
索具角度 = 45° 角度系数 = 1.414

角度与角度系数关系

索具角度/(°)	角度系数
65	1.104
60	1.155
55	1.221
50	1.305
45	1.414
40	1.555
35	1.742
30	2

（22）吊钳使用前要先检查咬头、垫片、齿间堵塞磨损状态及其他异常现象，存在安全隐患时禁止使用。水平钳与垂直钳不能相互代替使用。

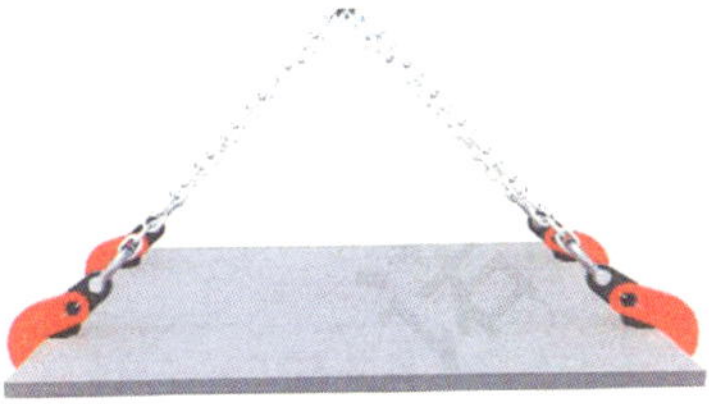

水平钳

垂直钳

ST123 DHQ型钢板起重钳

▲ 用于钢板的水平吊运
▲ 采用低碳优质合金钢制造
▲ 以2只试验为额定荷载,吊装作业中4只配套使用
▲ 吊运过程中不得碰撞被吊物

型号	额定负荷(t)	开口(mm)	质量(kg)
DHQ-1.6	1.6	0~25	3
DHQ-3.2	3.2	0~30	5.5
DHQ-5	5	0~45	9
DHQ-6	6	35~135	24

ST126 DSD型钢板起重钳

▲ 用于钢板的垂直吊运
▲ 采用低碳优质合金钢制造
▲ 以单只试验为额定载荷,吊装作业中2只配套使用
▲ 吊运过程中不得碰撞被吊物

型号	额定负荷(t)	开口(mm)	质量(kg)
DSQ-0.75	0.75	0~15	2
DSQ-1	1	0~20	6
DSQ-1.6	1.6	0~25	7
DSQ-3.2	3.2	0~45	13
DSQ-5	5	0~60	25
DSQ-10	10	0~75	46
DSQ-16	16	0~80	56

（23）使用吊钳进行作业时，一次起吊仅允许吊一张钢板。不允许两张同时起吊，不允许钢板上放其他物体。

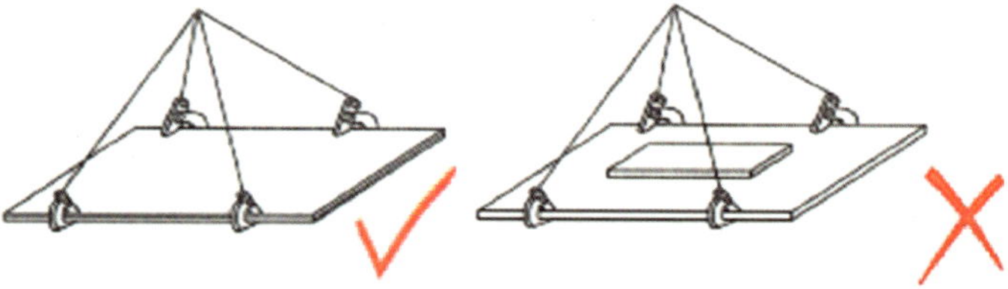

（24）钢丝绳夹宜选用马鞍型绳夹，螺母应拧紧不得松动，钢丝绳搭接使用时连接方法如下图所示：

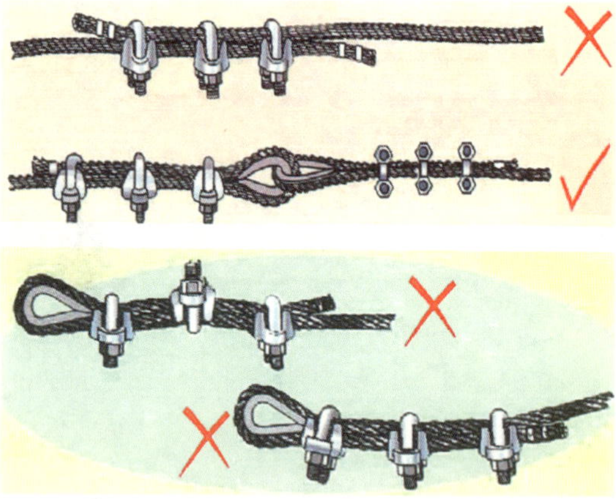

（25）吊车吊钩处钢丝绳端头需正确设置，绳夹数量不少于两个，且安装方向正确。

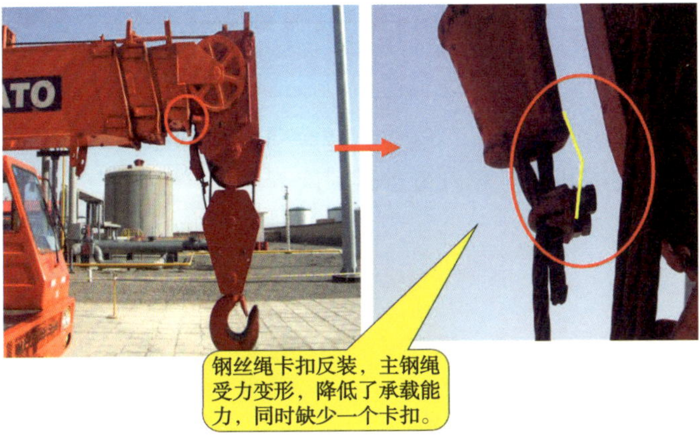

第四章

起重吊装作业安全注意事项

（1）进行起重吊装作业时，必须设置警戒区域，吊臂回转半径内禁止无关人员随意通过穿行。起重作业前需对现场其他作业人员进行风险告知。

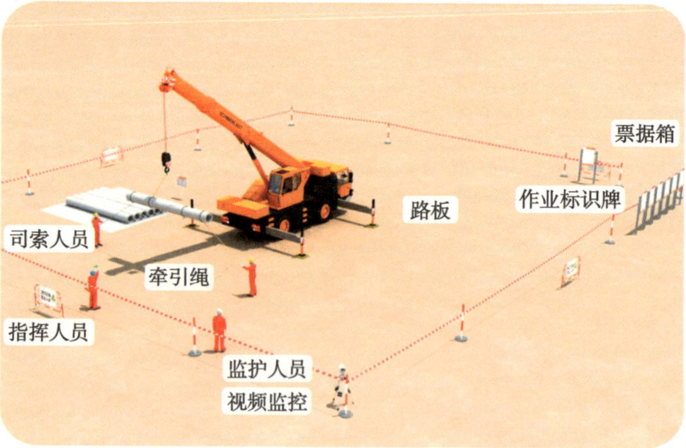

（2）在起重吊装作业进行过程中，吊装物要系挂牵引绳，防止吊装物在起升移动过程中发生摆动无法控制。

（3）起重指挥人员需持证上岗，起重机操作人员、指挥人员配备规范的劳保用品，着装规范，指挥人员还要配备指挥、联络工具。起重作业时应安排专人监护。

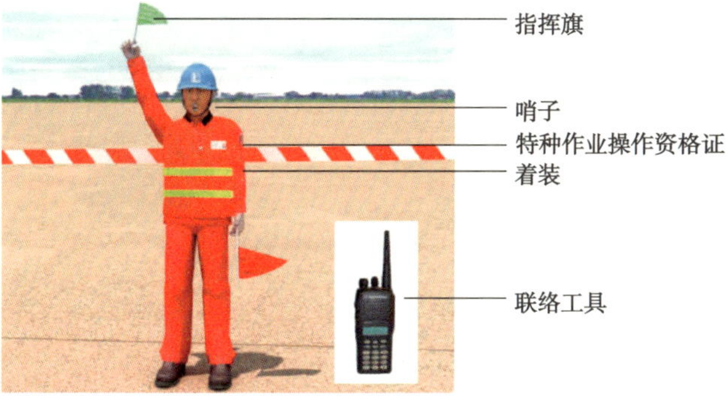

（4）在起重吊装作业进行过程中，吊装物下严禁站人，严禁无关人员走动，现场监护人员发现后要马上制止。

（5）吊装物必须正确捆绑，严禁吊装物捆绑不牢时进行起重作业。

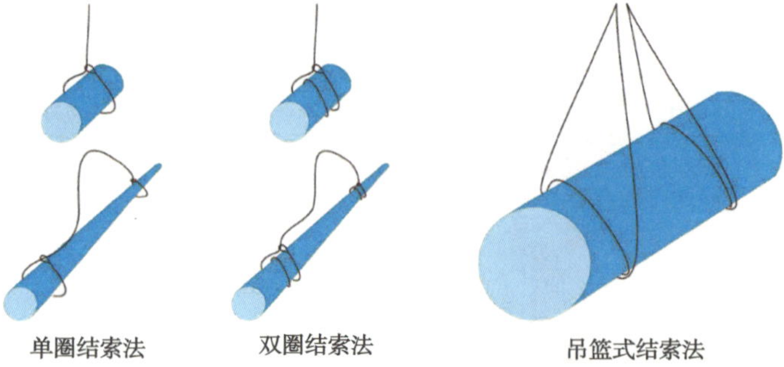

（6）正式起吊前应进行试吊（起升高度不超过0.5m），并检查全部机具、地锚受力情况。发现问题，应先将工件放回地面，待故障排除后重新试吊，确认一切正常后，方可正式吊装。

（7）利用两台或多台起重机械吊运同一重物时，升降、运行应保持同步；各台起重机械所承受的荷载不得超过各自额定起重能力的80%。

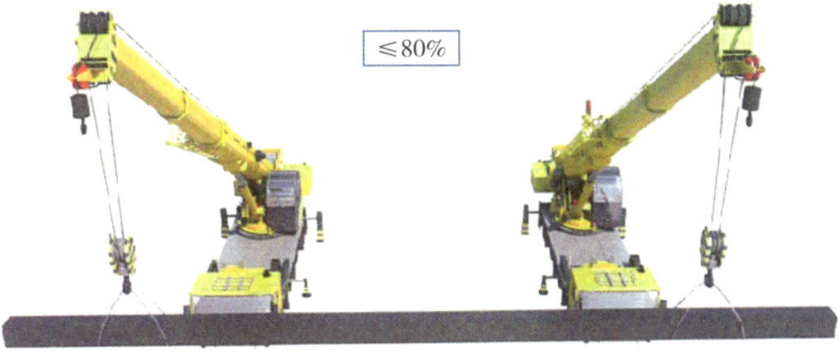

（8）遇六级以上大风或大雪、大雨、大雾等恶劣天气，不得从事露天起重作业。

风速换算表

级数	m/s	km/h
一级	0.3~1.5	1.1~5.4
二级	1.6~3.3	5.5~11.9
三级	3.4~5.4	12.0~19.4
四级	5.5~7.9	19.5~28.4
五级	8.0~10.7	28.5~38.5
六级	10.8~13.8	38.6~49.7
七级	13.9~17.1	49.8~61.5
八级	17.2~20.7	61.6~74.5
九级	20.8~24.4	74.6~87.8
十级	24.5~28.4	87.9~102.2
十一级	28.5~32.6	102.3~117.3
十二级	＞32.6	＞117.4

（9）起重机械及其臂架、吊具、辅具、钢丝绳、缆风绳和吊物不得靠近高低压输电线路。确需在输电线路近旁作业时，必须按规定保持足够的安全距离，否则应停止起重作业。

项目	输电导线电压 /kV						
	＜1	10	35	110	220	330	500
安全距离 /m	2.0	3.0	4.0	5.0	6.0	7.0	8.5

（10）起重吊装作业中途中断，起重机械操作人员离场时，起重吊臂、吊钩应收回复位，支腿可不收回。

（11）有主、副两套起升机构的起重机，应以主钩为主要起重机构，主、副钩不应同时开动。对于设计允许同时使用的专用起重机除外。

（12）起吊物件时速度要均匀，禁止突然制动和变换方向，平移应高出障碍物 0.5m 以上，下落应低速轻放，防止倾倒。

（13）起吊重物严禁自由下落，下落时动作应缓慢。

（14）吊运各种设备、构件时，一般要采用原设计的吊耳。

（15）通过汽车吊载人进行高处作业时，汽车吊需安装正规厂家生产的合格专用载人吊篮，并提供相关设计、检验文件，作业前需对吊篮进行检查，发现问题应停用。

（16）当天起重作业完毕，作业人员应对现场进行清理，对吊装机具进行回收。如操作人员变更，应告知接替人员设备、设施存在的异常情况及尚未消除的故障。

第五章 起重吊装作业“十不吊”

（1）指挥信号不明不吊。

起重作业指挥必须为专业人员，其他人员不得进行指挥。

（2）超载不吊。

（3）工件捆绑不牢不吊。

吊点和吊物的重心应在同一垂直线上。

（4）被吊工件上有人不吊。

当起重臂、吊物下方有人，吊物上有人或浮置物时，不得进行起重操作。

吊物上有人

起重臂下方有人

（5）安全装置不灵不吊。

在制动器、安全装置失灵、吊钩防脱装置损坏、钢丝绳损伤达到报废标准等情况下严禁起吊操作。

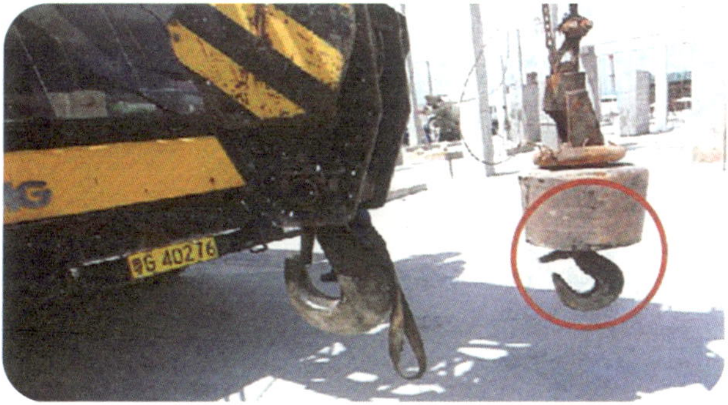

（6）光线阴暗、视线不清不吊。

无法看清场地、无法看清吊物情况时不吊。

（7）棱角物件无防护措施不吊。

（8）埋在地下的工件不吊。

（9）斜拉工件不吊。

吊挂不平衡或斜拉重物时不得起吊。

（10）起重机支垫不牢不吊。

附　录

反映汽车式起重机的起重能力随臂长、幅度的变化而变化的规律和反映汽车式起重机的最大起升高度随臂长、幅度变化而变化的规律的曲线称为起重机的特性曲线。目前，一些大型起重机的特性曲线特别是起质量特性曲线，为了更方便使用，往往被量化成表格形式，称为额定起质量表。附表 1 为额定起质量表，附表 2 为常用吊装带工作参数。

附表 1　额定起质量表

单位：kg

工作幅度 /m	主臂 后方、侧方作业 10.2m	13.6m	17.85m	22.1m	25.5m	主臂 前方作业 10.2m	13.6m	17.85m	22.1m	25.5m	主臂仰角 /（°）
3.0	25000	14000	14000			25000	14000	14000			
3.5	25000	14000	14000	10750		25000	14000	14000	10750		
3.7	25000	14000	14000	10750		25000	14000	14000	10750		80
4.0	23350	14000	14000	10750		23350	14000	14000	10750		78
4.5	20350	14000	14000	10750	8000	20350	14000	14000	10750	8000	76
5.0	18000	14000	14000	10750	7850	16650	14000	14000	10750	7850	74
6.0	14400	14000	13650	10250	7550	10350	10900	11250	10250	7550	72
7.0	11850	12200	12500	9700	7200	7200	7650	7950	8150	7200	70
8.0	9100	9500	9800	9100	6850	5250	5640	5950	6150	6250	68
9.0	7100	7550	7850	8000	6450	3900	4350	4600	4800	4900	66
10		6150	6400	6600	6100		3400	3650	3850	3900	64
12		4250	4550	4700	4800		2100	2400	2550	2600	62
14			3300	3450	3550			1550	1700	1800	60
16			2450	2650	2700			1000	1150	1200	58
18				2000	2100				740	820	56
20				1500	1600				410	490	54
22					1250					230	52
24					930						50
26											45
28											40
30											35
											30

说明：

（1）以上作业工况均为支腿全伸，不允许在不打支腿的情况下吊重；

（2）表中粗线以内的额定总起质量由起重机的结构强度所决定，粗线以外的由起重机的稳定性所决定；

（3）表中所列额定起质量为最大允许值，并包括吊钩质量，主吊钩重 300kg，副吊钩重 80kg；

（4）表中所指工作幅度值是指吊重后，吊钩中心到回转中心的水平距离；

（5）当实际臂长和工作幅度在两数之间时，应按较大臂长和工作幅度确定起质量。

假设现场有几根 6m 长的钢管要吊装到 15m 高的基础上，重约 7t，按照所给的吊机现场最小作业为 8.5m，确定适当的工况。

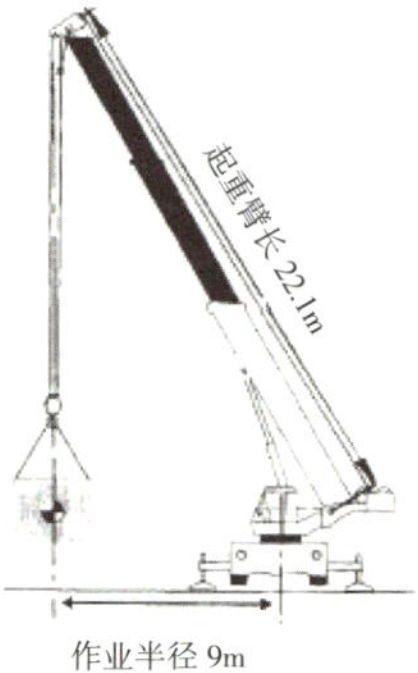

附表 2　常用吊装带工作参数

型号	颜色	最大安全工作载荷＝方式系数 β × 额定载荷						吊装方式最大安全工作载荷				近似宽度 / mm	最小长度 / m	最大长度 / m
		1 根吊装带正常载荷						2 根吊装带正常载荷						
		垂直吊	结套吊	β				垂直吊	结套吊	垂直吊	结套吊			
				0°～7°	7°～45°	45°～60°	45°	45°	45°	45°～60°	45°～60°			
		1.0	0.8	2.0	1.4	1.0	0.7	1.4	1.12	1.0	0.8			
EA-A-01		1000	800	2000	1400	1000	700	1400	1120	1000	800	50	1	100
EA-A-02		2000	1600	4000	2800	2000	1400	2800	2240	2000	1600	60	1	100
EA-A-03		3000	2400	6000	4200	3000	2100	4200	3360	3000	2400	70	1	100
EA-A-04		4000	3200	8000	5600	4000	2800	5600	4480	4000	3200	75	1	100
EA-A-05		5000	4000	10000	7000	5000	3500	7000	5600	5000	4000	80	1	100
EA-A-06		6000	4800	12000	8400	6000	4200	8400	6720	6000	4800	90	1	100
EA-A-08		8000	6400	16000	11200	8000	5600	11200	8960	8000	6400	100	1	100
EA-A-10		10000	8000	20000	14000	10000	7000	14000	11200	10000	8000	110	1	100
EA-A-12		12000	9600	24000	16800	12000	8400	16800	13440	12000	9600	125	1	100
EA-A-15		15000	12000	30000	21000	15000	10500	21000	16800	15000	12000	150	1	100